John Abbey

Intemperance

Its bearing upon agriculture: with an appendix containing the testimony of

landlords, farmers, labourers, travellers, science. Third Edition

John Abbey

Intemperance
Its bearing upon agriculture: with an appendix containing the testimony of landlords, farmers, labourers, travellers, science. Third Edition

ISBN/EAN: 9783337315344

Printed in Europe, USA, Canada, Australia, Japan

Cover: Foto ©berggeist007 / pixelio.de

More available books at **www.hansebooks.com**

linken einen Schild mit spitzem, weit vorspringendem Buckel
vorhält, mit der Rechten ein Schwert erhebt, also einen echt
romanischen Ritter, ihm gegenüber ein aufrecht stehendes
Geschöpf mit eselähnlichem Kopfe (ohne Hörner aber mit
langen Ohren), sonst aber einem Menschen ähnlich gebildet,
nur dass er statt der Hände Hufe hat; mit aufgesperrtem
Rachen und erhobenen Hufen bedroht er den Ritter. Da
auf den antiken Bildwerken Minotaur als Mensch mit einem
Stierkopfe, der allerdings oft einem Eselskopfe zum Ver-
wechseln ähnlich ist, dargestellt wird, so haben wir hier
offenbar eine antike, aber in mittelalterliche Ausdrucksweise
umgesetzte Darstellung vor uns.

III. Eine andere Art der Erweiterung der Form zu
7 Gängen bestand darin, dass die alte Zahl der zwei Windungen mit den je 2 Zungen beibehalten, aber um jede
Windung ein Gang mehr gelegt wurde; so entstand eine
Figur mit 4 Zungen und 5 + 1 + 5 Gängen, die von
aussen nach innen gezählt sich so folgen: 7. 10. 9. 8. 11;
6; 1. 4. 3. 2. 5. Diese Construction ist wichtig, weil aus
ihr die Wunderkreise unserer Turnschulen gewachsen sind.

III, a. Émile Amé hat in seinem später noch zu er-
wähnenden Werk 'Les Carrelages émaillés, 1859, p. 52, Fuss-
bodenplatten einer zerstörten Kirche in Toussaints (Marne)
abgebildet. Auf denselben sind in einem Kranze von Ornamenten je 4 Labyrinthe, jedes mit einem Durchmesser von
nur 12 1/2 Centim. eingepresst; siehe Figur 6.

IV. Die siebengängige Figur kann ferner dadurch er-
weitert werden, dass man innerhalb jeder der beiden Windungen 2 Zungen und so auch 2 Gänge zusetzt. Wenn man
in Figur 7 die drei Achsen weglässt und die links und
rechts von der Eingangsachse auslaufenden Gangwände durch
den ganzen Umfang der Figur zieht, so entsteht diese Form
des Labyrinths, welche 8 Zungen und 5 + 1 + 5 Gänge
zählt, die von aussen nach innen gerechnet sich in dieser

Reihe folgen: 7. 8. 9. 10. 11; 6; 1. 2. 3. 4. 5. Ein mittel-
alterliches Beispiel dieser Form habe ich noch nicht gefunden; allein sie muss existirt haben, da aus ihr die wichtigste aller Labyrinthdarstellungen, die vierachsige unter
Fig. 7 gegebene (vgl. S. 281) hervorgegangen ist.

Vierachsige Labyrinthdarstellungen des Mittelalters.

Als grössere Ornamente, insbesondere als Fussboden-
Mosaiken, finden sich auch im Mittelalter keine einachsigen
Labyrinthe verwendet; aber auch von den mehrachsigen
Formen findet sich nicht die achtachsige, sondern nur die
vierachsige verwendet.

I. Die vielleicht älteste Darstellung dieser Art ist das
Mosaik in San Michele zu Pavia, früher unvollständig (vgl.
Piper, Mythol. und Symbolik I, 1847, S. 136), jetzt viel
vollständiger veröffentlicht von Aus'm Weerth, der Mosaik-
boden in St. Gereon, 1873 S. 14 und Taf. IV. Dies Mosaik
stammt frühestens aus dem Schluss des XI. Jahrhunderts,
da die reinen zweisilbigen Reime der drei Hexameter (intravit: necavit; elatus: levatus; fortis: mortis) damals erst
anfingen gesetzmässig zu werden. Das Werk ist bedeutend
wegen des reichen Bilderschmuckes. Um das Labyrinth sind
dargestellt die Figuren des Jahres und der Monate, verschiedene Gruppen und Wunderthiere, wie z. B. ein Hund,
auf welchem eine Ziege reitet (Chimaera?), endlich David
und Goliath als christliches Gegenstück zu Theseus und
Minotaurus, welche offenbar nach alter Tradition im Innern
des Labyrinthes dargestellt sind. Das vierachsige Labyrinth
selbst ist rund und besteht aus 8 Gängen; seine Construction
ist leider bei Aus'm Weerth verzeichnet. Wichtig ist die
Darstellung von Theseus und Minotaurus. Theseus, wie es
scheint, nur mit einer Art phrygischer Mütze (Helm? =
Goliath) und einem Gewande mit breitem Gurte angethan,

schlägt mit einer Keule von hinten auf den Kopf des Mino-
taurus. Dieser hält in der Linken ein Schwert, in der
Rechten einen abgehauenen Kopf, der zu einem am Boden
liegenden menschlichen Körper gehört. Merkwürdig ist die
Bildung des Minotaur, oben Mensch (nur mit 2 kurzen
Hörnern), unten Stier. Denn während im Alterthume Minotaur als Mensch mit Stierkopf dargestellt wurde und die
Darstellung als Stier sehr fraglich ist (vgl. O. Jahn, Archäol.
Beiträge S. 257), scheint im Mittelalter diese Darstellung
des Minotaurus oben Mensch, unten Stier, die gewöhnliche
gewesen zu sein. Wichtig ist die Thatsache, dass im Fuss-
boden einer christlichen Kirche ein Labyrinth mit Theseus
und Minotaur (Theseus intravit monstrumque biforme necavit) angebracht wurde. Das konnte sich der mittelalterliche Architekt nur gestatten, indem er einer häufigen Sitte
folgte.

II. Die wichtigste mittelalterliche Labyrinthform ist die
in Figur 7 gegebene.[1]) Die 11 Gänge der ihr zu Grunde
liegenden einachsigen Form sind durch die hinzutretenden
3 Achsen so zerschnitten, dass der Weg im Ganzen 31 Viertel
und Halbbogen durchläuft, bis er im Innern anlangt.

II, a. Herr Dr. H. Simonsfeld machte mich aufmerksam,
dass in einigen Abschriften der Chronik des Venetianers
Paulinus, früher auch Jordanes genannt, über welche er
in den Forschungen zur deutschen Geschichte XV S. 145
und im neuen Archiv VII S. 58 gehandelt hat, zur Illu-
stration des Textes sich Zeichnungen des Labyrinths be-
finden. Zunächst erhielt ich durch die Güte meines Freundes
Dr. A. Mau in Rom eine Copie von II, a, 1) der im Cod.
Vatic. 1960 fol. 264b enthaltenen Labyrinthdarstellung. Vor
dem Eingange ist, wie schon in dem Mosaik zu Aventicum,
ein Thor gezeichnet. Im Innern hat der langhaarige mit

---

1) Vgl. die isländischen Labyrinthe Fig. 8 u. 9, S. 288.

Stiefeln und Leibrock bekleidete Theseus mit einer Keule
eben den zottigen Kopf des Minotaurus getroffen, so dass
dieser die rechte Hand wie wehklagend an den Kopf legt,
während er in der Linken eine Art Keule hält. Am Boden
liegen Stücke von menschlichen Körpern. Der Minotaur
ist unten Stier, oben Mensch, (wie es scheint, ohne Hörner).

II, a, 2. In der pariser Abschrift des Paulinus (latin.
4939 f. 21) befindet sich ebenfalls eine Zeichnung des Labyrinths, deren Copie ich der Güte des H. Leopold Delisle
verdanke. Hier fehlt das Thor am Eingange; auch die
Zeichnung im Innern ist vereinfacht (offenbar aus Mangel
an Raum), indem nicht Theseus, sondern Minotaur allein
dargestellt ist, wie er beide Hände erhebt, wohl um Schonung
zu erbitten. Er ist wieder unten Stier, oben Mensch, scheint
aber sehr lange Ohren zu haben. Von der Zeichnung in
(II, a, 3) der Venetianer Abschrift des Paulinus erhielt ich
noch keine Copie: aber man kann mit Sicherheit annehmen,
dass die Construction des Labyrinths die gleiche ist.

Freilich ist die Chronik des Paulinus erst nach 1330
zusammengestellt, allein die Zeichnungen können auf ältere
Vorlagen zurückgehen. So enthält die vatikanische Abschrift ausser mythologischen Zeichnungen, welche nähere
Untersuchung verdienen, auch Karten und Pläne, darunter
einen von Rom, der, wie De Rossi nachgewiesen hat, sicher
schon vor dem Ende des XIII. Jahrhunderts entstanden ist.

II, b, 1. Dieselbe Figur fand ich am Ende der münchner
lat. Handschrift 800, welche eine in Italien saec. XIV ge-
fertigte Abschrift des Boetius de Consolatione philosophiae
enthält. Diese 16 Centim. breite Figur hat ebenfalls vor
dem Eingange ein Thor (vgl. II, a, 1). Es ergibt sich
demnach mit ziemlicher Wahrscheinlichkeit, dass im 13. und
14. Jahrhundert diese Darstellung des Labyrinths eine be-
kannte war.

II, c u. d, III. So vorbereitet verstehen wir leichter die Labyrinthdarstellungen, welche sich in bedeutenden gothischen Kirchen Nordfrankreichs aus dem 13. und 14. Jahrhundert finden. Ueber dieselben ist schon Vieles geschrieben,[1]) aber man hat, ohne die geschichtliche Entwicklung und die Construction sorgfältig zu untersuchen, womit man doch billiger Weise hätte anfangen sollen, fast nur um die allegorische Deutung dieser Darstellungen sich gestritten. In Wahrheit aber haben die Labyrinthe von Chartres, St. Quentin, Amiens (Arras) und Poitiers, ebenso trotz der Verschnörkelungen auch das Labyrinth von St. Bertin zu St. Omer genau dieselbe Construction wie das Labyrinth im Paulinus und dem münchner Boetius (Fig. 7), was sich ergibt, wenn man die 31 Halb- und Viertelbogen vergleicht; das Labyrinth von Sens hat mit geringen, das von Reims mit stärkeren Abweichungen dasselbe Schema; nur das Labyrinth von Bayeux hat eine stark verschiedene Anlage. Von diesen Labyrinthen sind die einen rund, die andern sind durch einmalige Brechung der Viertelbogen viereckig, wieder andere durch zweimalige Brechung der Viertelbogen achteckig gebildet.

II, c, 1. Chartres; bei Caumont, Gailhabaud und Amé; rund mit Durchmesser von 12 ½ Meter; einst La lieue genannt. Ein älterer Historiker von Chartres sagt, in der Mitte sei Theseus und Minotaurus dargestellt, von welchen Figuren jetzt nichts mehr zu sehen ist.

II, c, 2. Poitiers. Das Lab. von Poitiers ist verschwunden, doch findet sich an der Kirchenwand eine

---

1) Siehe besonders L. Deschamps de Pas in Didron's Annales archéol. XII, 1852 p. 147—152; Caumont, Abécédaire, 1851 p. 320 mit 3 Abbildungen; Gailhabaud, l'architecture et les arts qui en dépendent, 1858, in der Mitte des 2. Bandes mit 7 Abbildungen; Émile Amé, les carrelages émaillés 1859 p. 32—53 mit 7 Abbildungen.

flüchtige Zeichnung, welche Amé veröffentlicht hat. Das Lab. ist rund und stimmt völlig mit dem vorigen.[1])

II, c, 3. St. Quentin; bei Gailhabaud (verzeichnet), bei Amé und in den Handbüchern von Mothes und Otte; achteckig, 10½ Meter im Durchmesser.

II, c, 4. Amiens, bei Gailhabaud; achteckig mit verschiedenen Bildnissen (Amé S. 46 und Gailhabaud Fig. 5?) nebst der im Jahre 1288 eingelegten Inschrift, die also beginnt:

> Mémore quand l'euvre de l'eglè
> De chéens fu commenchie et fine
> Il est escript el moilon de le
> Maison de Dalus.

Dasselbe wurde im Jahre 1825 zerstört.

II, c, 5. Das Lab. in Arras war ebenfalls achteckig und von derselben Anlage wie die zu St. Quentin und Amiens. Nach der Revolution wurde es zerstört.

II, c, 6. St. Bertin zu St. Omer, bei Caumont, Gailhabaud (verzeichnet) und bei Amé; viereckig, doch mit mannigfachen Verschnörkelungen. Es soll zerstört worden sein, weil die darin laufenden Knaben und Fremden den Gottesdienst störten.

II, d, 1. Sens, bei Caumont, Gailhabaud und Amé; rund mit dem Durchmesser von 10 Meter. Dies Lab. hat ebenfalls 11 concentrische Gänge, doch sind die Halb- und Viertelbogen zum Theil anders vertheilt, als in den vorangehenden.

II, d, 2. Reims, bei Gailhabaud und Amé. Es bestand ebenfalls aus 11 concentrischen Gängen, doch wich die Vertheilung der Halb- und Viertelbogen von dem Schema

---

1) Rund war auch das im Jahre 1690 zertörte Labyrinth von Auxerre.

noch mehr ab als in dem Lab. zu Sens. Das Lab. zu Reims
war eigentlich achteckig, doch waren die 4 Eckseiten wiederum
zu kleinen Achtecken ausgebildet, in denen sich Figuren mit
Instrumenten befanden, welche nach der Angabe von In-
schriften die verschiedenen Baumeister darstellten. Dieses
Lab. hiess *Chemin de Jérusalem*, und es gab für die Durch-
wandernden ein eigenes Gebetbüchlein 'Stations au Chemin
de Jérusalem, qui se voit en l'église de Notre-Dame de
Reims'. Weil aber auch die Knaben und die Fremden viel
Vergnügen an dem künstlichen Werke hatten und durch
ihr Laufen den Gottesdienst störten, liessen im Jahre 1779
zwei Kanoniker es sich 1500 Franken kosten, dies Labyrinth
zu entfernen.

III, a. Bayeux, bei Gailhabaud und Amé; rund mit
dem Durchmesser von 3,80 Meter. Es besteht nicht, wie
alle vorangehenden aus 11, sondern nur aus 10 concentrischen
Gängen; die Theilung der Gänge in Viertel- und Halbbogen
ist ebenfalls eine durchaus verschiedene, und ausser diesen
finden sich nicht weniger als 4 bis auf die Eingangsachse
durchlaufende Kreise. Nicht minder unterscheidet es sich
durch seinen geringen Durchmesser.

Was nun die Zeit dieser Kirchenlabyrinthe
betrifft, so lässt sich das Lab. von Amiens auf 1288, das
von Reims etwa auf 1300 bestimmen; das von Bayeux wird
in das 14. Jahrhundert gesetzt; die Herstellung der übrigen
Labyrinthe wird mit dem inneren Ausbau der betreffenden
Kirchen zusammenfallen, also in der Regel in die Zeit vor
1300 zu setzen sein.

Ueber die Bestimmung dieser Kirchenlabyrinthe
haben sich die mittelalterlichen Archäologen sehr gestritten.
Der eine findet hier 'un jeu de patience des ouvriers', die
meisten mit Hinblick auf den Namen 'Chemin de Jérusalem'
eine allegorische Nachbildung von Christi Leidensweg auf

den Calvarienberg und erklären demnach diese Labyrinthe
für 'un moyen de pélerinage abrégé'. Die Geschichte führt
uns auch hier den richtigen Weg. Das Lab. von San Michele
in Pavia mit Theseus und Minotaurus in der Mitte lehrt,
dass im Mittelalter die alte Sitte noch fortlebte, den Boden
bedeutender Räume mit Labyrinthdarstellungen zu zieren.
Dasselbe Lab. und viele der erwähnten Zeichnungen lehren
uns ferner, dass im Mittelalter Jedermann sich bewusst war,
in die Mitte des Labyrinthes gehöre Theseus und der Minotaurus. Abgesehen von allem Andern (in dem Lab. des Doms
zu Chartres sollen sogar Theseus und Minotaurus bildlich
dargestellt gewesen sein) lehrt uns dasselbe die französische
Sprache. La Curne citirt in seinem Wörterbuche aus der
Handschrift des Vatican 1490 die Verse 'C'est la maison
Dedalu A sa devise Set cascun entrer Et tout i sont detenu',
und aus dem Tagebuch der Louise de Savoye den Eintrag
von 1513 'En mon parc et près du Dedalus'; dazu ist die
obige Inschrift von Amiens zu fügen, welche das Lab. ebenfalls maison Dedalus nennt. Diese Bezeichnung ist nur eine
Uebersetzung des Domus Dedali, das wir oben S. 276 schon
im 9. Jahrhundert gefunden haben und später S. 289 in
isländischer Uebersetzung finden werden. Ebendaher kommt
es, dass die jetzige französische Sprache, als einzige unter den
modernen, dédal als gleichbedeutend mit labyrinth gebraucht.
Demnach ist es sicher, dass im Mittelalter jeder Gebildete
beim Anblick dieser Figuren sich bewusst war, dass eigentlich die Gestalten des Theseus und Minotaurus in die Mitte
gehörten. Die nordfranzösische Architekturschule benutzte
aber nur das altüberlieferte, sinnreiche Ornament, liess da-
gegen jene heidnischen Persönlichkeiten weg oder ersetzte
sie durch die Bilder der beim Kirchenbau betheiligten
Bischöfe oder Baumeister. Wenn später Fromme diese
Ornamente hie und da zu Bittwegen benützten, so lag das
ursprünglich ebenso wenig in der Absicht der Erbauer, als

dass die Knaben oder die Fremden sie als Turnlauf be-
nützen sollten.

Zum dritten lehrt uns die übereinstimmende Construction dieser Kirchenlabyrinthe einerseits und der Zeichnungen in der Chronik des Paulinus und in dem münchner
Boetius andererseits, dass diese Art des vierachsigen Labyrinths zu 11 Gängen im 13. Jahrhundert eine sehr ver-
breitete war, und dass das Musterbuch jener Architekten
diese Darstellung aus derselben Quelle bezogen hat, wie der
Illustrator des Paulinus und des Boetius.

IV, a. Aus Valturius de Re militari, Venedig 1472,
Bl. 192 gibt Massmann Taf. I, G die Zeichnung eines Labyrinths, welches sich auch in der fein gemalten münchner
Handschrift 23467 Fol. 158 findet. Dieses Lab. hat 4 Gänge
und ist dreiachsig, indem die Gänge viertel, halbe, drei-
viertel und ganze Kreise durchlaufen. Valturius will haupt-
sächlich den Minotaur als Fahnenzeichen und das Labyrinth nur als seine Wohnung anführen (Minotaurus usque
ad humeros taurus, cetera homo; domicilium eius quondam
laborinthus); demgemäss zeigt die münchner Handschrift
in dem Innern den Minotaurus, freilich ganz als Stier gebildet.

V, a. Ein geschnittener Stein, der im Mus. Florent.
II, 351, Agostini, Le gemme antiche II nr. 131, Maffei,
Antiche gemme, IV, 31 und bei Massmann, Taf. I, N, 3
veröffentlicht ist, zeigt den Minotaur, unten als Stier, oben
als Mensch gebildet, in der Mitte eines vierachsigen Labyrinthes, das aus 5 Gängen gebildet ist und dessen Halb-
und Viertelbogen den innern 5 Gängen der Figur 7 sehr
ähnlich sind. Wegen der Bildung des Minotaur haben die
Archäologen diese Gemme schon längst für ein Werk der
Renaissance erklärt. Dasselbe geht auch aus der Bildung
des Labyrinthes hervor. Denn während dasselbe mit der
Construction der mittelalterlichen Figur 7 grosse Aehnlich-

keit hat, findet sich im Alterthum kein vierachsiges Labyrinth, dessen Bogen in den nächsten Keil bald übergreifen,
bald nicht.

Labyrinthdarstellungen im Norden Europas.

Die sinnreiche Construction unserer Labyrinthe muss
jeden einfachen Menschen ergötzen. So werden wir uns
nicht wundern, dieselben, wie jene einfachen Mährchen und
Scherze, bei den verschiedensten Völkern wieder zu finden,
wenn sie auch, wie jene, auf dieser Wanderung natürlich
mancherlei Abänderungen erlitten haben. Die Nachrichten
von Kålund[1]) und Fries, auf welche H. K. Maurer mich
aufmerksam machte, ebenso die Angaben Baers beweisen,
dass diese Darstellungen im höchsten Norden Europas weit
verbreitet waren und zum Theil noch jetzt verbreitet sind.

Die ältesten der bis jetzt bekannten isländischen Labyrinthdarstellungen sind, wie Kålund bemerkte, in zwei
Pergamenthandschriften der Bibliotheca Arnemagniana in
Kopenhagen erhalten. Dass ich hievon genaue Nachricht
geben kann, verdanke ich der Güte des H. Maurer. Auf
seine Vermittlung hin hatte H. V. A. Secher die Freund-
lichkeit genaue Copien der beiden Zeichnungen anzufertigen;
den dazu gehörigen isländischen Text in A. M. 736. 4to
schrieb H. Verner Dahlerup mit Beihilfe eines jungen
Isländers ab und Maurer übersetzte denselben in das
Deutsche. Die Labyrinthzeichnung in der ersten, um 1300
geschriebenen, Handschrift A. M. 732. hat den Durchmesser
von gut 9 1/2 Centimeter; in dem Innern steht, nach Kålunds
Angabe von jüngerer Hand, 'völundar hús'; die andere Labyrinthzeichnung in A. M. 736. 4to hat den Durchmesser von
7 Centim.; das Innere mit dem Durchmesser von 2 1/2 Centim.

---

1) Bidrag til en hist. topogr. Beskrivelse of Island II (1882) S. 416.

ist ganz ausgefüllt durch ein löwenähnliches Ungetüm; nur
der Kopf ist ein missgestaltetes Mittelding zwischen Mensch
und Thier (nicht Esel und nicht Stier, da sowohl Hörner als
lange Ohren fehlen); dabei steht honocentaurus. (Fig. 9 a.)
Schon diese Thatsachen ergeben den Beweis, dass diese
Figur nicht in Island erfunden, sondern von Aussen einge-
führt ist. Völundarhús (Wielandhaus), wie die erste Figur
durch die Inschrift und die zweite durch den begleitenden
Text genannt wird, ist die einfache Uebersetzung von Domus
Daedali, welchen Beinamen der Labyrinthfigur wir schon im
9. Jahrhundert (S. 276) und dann in der französischen Uebersetzung Maison Dedalus vom Jahre 1288 (S. 286) gefunden
haben. Maurer bemerkte, dass nach der Entwicklung der
isländischen Literatur zu schliessen, diese Uebersetzung wohl
in früher Zeit gemacht worden sei. Ferner ist der Honocentaurus (Isidor Orig. 11, 3 media hominis species, media
asini) unzweifelhaft nur ein missverstandener Minotaurus.
Maurer wies darauf hin, dass im Isländischen auch die Form
Minocentaurus sich finde (Stjórn, ed. Unger, Christiania
1862, S. 85) und dass ho vielleicht nur aus Mi verlesen sei.
Die Construction des Labyrinthes ist in den beiden Darstellungen verschieden. Das Labyrinth in A. M. 732. 4to
(siehe Figur 8) ist vierachsig mit 7 Gängen und dem vierachsigen Labyrinth zu 11 Gängen (Figur 7) verwandt. Doch
ist es einfacher und klarer. In schlangenförmigen Windungen werden zuerst die 3 innern Bogen aller 4 Keile
(Gangstücke 1. 2. 3; 3. 4. 5; 5. 6. 7; 7. 8. 9) durchlaufen, dann: die 3 folgenden Bogen (Gangstücke 10. 11.
12; 12. 13. 14; 14. 15. 16;) von 3 Keilen; unregelmässig
ist der 7. Gang, welcher als Bogen 17 zum 4. Keile (Gangstück 17. 18. 19) hinleitet.[1] So hat die ganze Figur

---

1) Einfacher wäre die Figur, wenn der Weg aus Gangstück 9 in
das jetzt 18. Gangstück überliefe; dann könnte er in Gangstück 18,

19 Viertel und Halbbogen. Das ähnliche Labyrinth in
A. M. 736. 4to besteht ebenfalls aus 7 Gängen; doch ist
es in andern Stücken willkürlich abgeändert; die 4 Achsen
sind nicht streng festgehalten und dadurch, dass einige
vollständige Kreise und einige $3/4$ Bogen angebracht sind,
beträgt die Zahl der zu durchlaufenden Gangstücke nur 15.
Wir sehen also auch hier, was wir schon bei der Entwicklung der übrigen mittelalterlichen Labyrinthdarstellungen
gesehen haben, dass Mancher seine Geschicklichkeit dadurch
zu zeigen suchte, dass er die ihm vorliegende Construction
veränderte. Allein klar ist, dass diese beiden Figuren zu
7 Gängen aus der einfachen einachsigen Figur zu 7 Gängen
(Fig. 3) entwickelt sind.[1] · Demnach ist sicher, dass die

---

19. 10; 10. 11. 12. u. s. f. den 4. 5. und 6. Gang der 4 Keile durchlaufen und endlich aus Gangstück 16 mit dem jetzt 17. Gang rundum
und neben dem Eingang direkt in das Innere laufen.

1) Da der isländische Text, welcher in A. M. 736. 4to die
Zeichnung begleitet, für die nordische Literatur interessant ist, von
Kålund aber nur auszugsweise und nicht ohne Irrthümer mitgetheilt
ist, so gebe ich denselben hier nach der wörtlichen Uebersetzung des
H. v. Maurer: Mit dieser Figur, welche Völundarhús genannt wird, hat
es die Bewandtniss, dass in Syrien ein König war, welcher Dagur hiess.
Er hatte einen Sohn, welcher Egeas hiess (Theseus war des Aegeus
Sohn). Dieser Egeas war ein in Leibesübungen sehr gewandter Mann.
Er zog in das Reich des Königs Soldan, um dessen Tochter zu freien.
Der König sprach, er solle das Weib dadurch gewinnen, dass er allein
das Thier überwinde, welches Honocentaurus heisst, welches Niemand
mit menschlicher Kraft besiegen konnte. Weil aber des Königs Tochter
über alle Massen klug war, mehr als alle Weisen in jenem Reiche, ver-
suchte jener Königsohn sie insgeheim zu treffen und erzählte ihr, was
ihr Vater ihm auferlegt habe, wenn er sie gewinnen wolle. Weil er
ihr wohlgefiel, sprach sie zu ihm: da menschliches Thun dieses Thier
nicht mit Gewalt besiegen kann, will ich dich lehren, eine Falle in
dem Walde herzustellen, in welchem dasselbe beständig herumläuft;
vorher aber (sollst du) alle Thiere ausrotten, die es zu seiner Nahrung
zu haben pflegt. Dann nimm du Fleisch von einem Wildeber und be-
streiche es mit Honig; damit wird das Thier angelockt, so dass es den

isländischen Labyrinthdarstellungen ihren Ursprung in
der gelehrten mittelalterlichen lateinischen Literatur haben.
Nun berichtet aber Kålund weiter (Islands Fortids-
laevninger p. 30 = Aarb. f. nord. Oldk. og Hist. 1882
p. 86), dass sich auf der kgl. Bibliothek einige Zeichnungen
des Isländers S. M. Holm († 1820) finden, die Wielands-
häuser oder Labyrinthe von der oben beschriebenen Form
darstellen; derselbe S. M. Holm gibt an, er habe für den
Kammerherrn Subm eine ähnliche Zeichnung angefertigt
nach einem Labyrinth auf einem steinernen Pfosten oder
Steinkreuz. Kålund fügt hinzu, diese Zeichnungen ent-
sprächen genau dem bekannten Spiele, das häufig von den
isländischen Knaben ausgeführt werde; und Maurer theilt
mir mit, dass gar mancher Isländer in handschriftlichen
Aufzeichnungen neben Recepten und Aehnlichem auch eine
Labyrinthzeichnung habe. Bei diesem Stand der Dinge sehe
ich nicht ein, warum die Reste von Labyrinthen, die auf
freiem Felde im nordwestlichen Island sich finden oder fanden,

---

Geruch davon bekommt und darnach läuft. Dann wende dich zur Falle
und laufe allen Windungen nach, welche in ihr sein sollen, und springe
dann auf die Mauer hinauf, welche zunächst an dem innersten Gemache
ist, und von da aus tödte (.. ein Riss im Pergament macht einige
Worte unleserlich) das Thier; und wenn die Wunde nicht tödtlich ist,
springe jenseits hinunter in den engen Gang der Falle, so dass der
Weg für das Thier so weit wird, dass es dir keinen Schaden thun kann.
Dann zeichnete sie auf einem Tuche die Falle auf, welche man Völundarhús nennt. Er aber liess darnach eine solche aus Ziegeln und Steinen
herstellen und machte Alles, wie sie ihm geheissen hatte; er liess alle
Thiere in jenem Walde ausrotten und brauchte das Fleisch als Lockspeise. Das Thier aber war hungrig und lief dem Wildbrete nach in
das Haus hinein Egeas aber warf die Lockspeise nieder und kam auf
das Dach hinauf; er griff das Thier mit aller Kraft an und sprang jenseits von der Mauer hinunter in den Gang. Das Thier aber brüllte
schrecklich und ward 7 Tage später in derselben Falle todt gefunden. —
Haben nicht vielleicht die labyrinthförmigen Fischnetze diese Verwendung
des Labyrinths beeinflusst? Vgl. S. 297 Note.

von den deutschen Kaufleuten zwischen 1400 — 1600 angelegt sein sollen. Olav (I, 187) erwähnt ein solches Wielandhaus bei Holmarifsvik im Steingrimsfjord, Arne Magnusson
ein anderes zu Bildudalseyri bei dem Handelsplatze Bildudal;
ein drittes auf der kleinen flachen Landzunge Tingeyri,
welche an der Küste der Dalasysla vom steilen Felsrande
in die See vorspringt, untersuchte Kålund 1874 nicht ge-
nauer, da er damals von solchen Denkmälern noch Nichts
wusste; es nahm sich, sagt er, vor meinen Augen aus wie
eine sonderbare längliche Ansammlung von kleinen, unge-
fähr ¼ Elle breiten und hohen Rasenerhöhungen, welche
in vielen Windungen, Vierecke, Ovale u. s. w. bildend, sich
durcheinander schlangen.

Aus einer Abhandlung Nordströms in Svenska For-
minnesföreningens Tidskrift III, 1875—1877 S. 225—229,
welche ich selbst nicht einsehen konnte, fügt Kålund Notizen
über ähnliche Anlagen in Schweden, Norwegen und Däne-
mark hinzu: in Schweden würden mehrere auf freiem
Felde angelegte Labyrinthe gezeigt; im nördlichen Theile
Norwegens fänden sich solche Steinsetzungen, die den
Namen Trojeborg hätten; endlich fände sich in Däne-
mark auf Hallands Väderö ein Labyrinth von aufs Feld
gelegten Steinen, das dort Trelleborg (Trojaburg?) heisse
und von schiffbrüchigen Seeleuten angelegt sein solle.

Diese Steinsetzungen sind aber im Norden noch viel
weiter verbreitet. Das lehrt die von Massmann citirte hübsche
Abhandlung des Naturforschers Baer 'Ueber labyrinthförmige Steinsetzungen im russischen Norden' (Bulletin hist.
philol. der Petersb. Akad. I, 1844, S. 70 — 79 mit einer
Tafel) und die von Prof. v. Maurer mir mitgetheilten Nachrichten bei J. A. Fries, En Sommer i Finmarken, Russisk
Lapland og Nordkarelen; Christiania 1871, S. 118—120.
Baer erzählt, im Sommer 1838 sei er bei einer Fahrt im
finnischen Meerbusen durch Aufhören des Windes gezwungen

worden zum Aufenthalt an der unbewohnten Insel **Wier**,
8 Werst südlich von der Insel Hochland. Auf dem völlig
nackten Theile des Gerölllagers bemerkte er eine von runden
Steinen gelegte Labyrinthfigur mit dem Durchmesser von
etwa 6 Ellen, deren Abbildung er und nach ihm Massmann
(Taf. I, S) gibt; siehe Figur 10. Diese einachsige Figur zu
7 Gängen hat 2 Eingänge; durch den einen gelangt man
in einfachen spiralförmigen Windungen in den äussersten,
durch den andern in ebensolchen Windungen in den innersten
Kreis der Figur: also eine Entstellung unserer einachsigen
Labyrinthe zu 7 Gängen. Eine gleiche Steinsetzung derselben
Figur von demselben Umfange sah Baer bei einer kleinen
unbewohnten Bucht Wilowata an der Südküste des **russischen Lapplands**, dann 2 grosse, 12 — 15 Ellen breite,
von grossen Blöcken gebildete und offenbar alte Steinsetzungen derselben Art bei dem Dorfe Ponoi im russischen
Lappland, etwa 12 Werst von der Mündung des Flusses
Ponoi. Auf einer Insel in der Tiefe des bottnischen Meer-
busens, nicht weit von der Mündung des Flusses Kemi, befindet sich nach den Erzählungen eines Eingebornen ein
ähnliches Labyrinth. Fries berichtet 'In der Nähe des Hofes
Mortensnäs, im Varanger Fjord der norwegischen Finmark,
findet sich ein Steinfeld (Stenurd), in welchem die Lappen
vordem eine Begräbnissstätte gehabt haben. In dem Stein-
felde findet man auch einzelne vorspringende Punkte, die
man gut von der See aus sehen kann, gemauerte Steinringe. Ich habe ähnliche an mehreren anderen Orten in
Finmarken gesehen, namentlich finden sich einige gut erhalten bei Laxelvand in Porsanger'. Ob diese Steinringe den
von Baer geschilderten ähnlich sind, muss genauere Untersuchung lehren. Ein Bürger von Kem gab Baer die Versicher-
ung, eine solche Steinsetzung würde **Babylon** genannt; er
wusste nichts von einer historischen Bedeutung derselben,
sondern meinte, sie wären eine Aufgabe des Witzes und der

Geschicklichkeit. Fries sowohl wie Baer schildern ein Denkmal auf dem Vorgebirge Mortens Naes (Martins-Spitze)
im Varanger Fjord. Nach Fries finden sich Spuren, dass
der dortstehende Bautastein einst von 14 Steinringen umgeben war, der eine um den andern, mit dem Bautastein
als Centrum. Baer erhielt eine Zeichnung dieses schon in
Keilhaus' Reise nach Finnmarken S. 15 beschriebenen Denk-
mals. Darnach sieht man einen hohen Felsblock, umgeben
von mehreren Steinkreisen, deren äusserster etwa 12 Ellen
Durchmesser hat. Baer glaubt, dass diese Kreise ursprünglich ein Labyrinth gebildet haben. Fries wie Baer führen
nun einen alten Bericht an: im Jahre 1592 seien russische
Bevollmächtigte wegen Grenzstreitigkeiten mit Norwegen
nach Kola gekommen und hätten von den Eingeborenen
gehört, dass unter den Karelen ein Held Namens Walit
oder Warent am Ufer des Varanger Fjord die Norweger
besiegt und dann, Jahrhunderten zum Gedächtnisse, dort
einen gewaltigen über einen Faden hohen Stein hingesetzt
habe, um den er eine zwölffache Mauer zog, welche er
Babylon nannte. Dieser Stein heisse noch heutigen Tages
der Walit-Stein. Ein eben solches Gemäuer fand sich an
der Stelle des spätern Ostrogs Kola. Baer hält diesen Walit
oder Warent für identisch mit einem um 1313 vorkommenden
Lappenkönig Martin, und das von Walit erbaute Babylon
für identisch mit dem Denkmal auf der Martinsspitze. Baer
theilt noch mit, dass die labyrinthförmigen Zeichnungen
jetzt eine weitverbreitete Unterhaltung der russischen Jugend
seien; auch habe man auf der Insel Petrowski 1841 solch
ein Labyrinth ausgegraben; die deutsche Jugend Lieflands
pflege diese Figur auf Schiefertafeln zu zeichnen, ohne den
Namen Babylon — den in Südrussland noch jetzt ausgedehnte
Eiskeller hätten — anzuwenden und ohne sie durch Steinsetzungen auszuführen.

Baer hält es für wahrscheinlich, dass diese Art von

Steinsetzungen den finnischen Völkern oder den Russen angehöre. Das ist nach der von mir nachgewiesenen historischen Entwicklung dieser Figur durchaus unwahrscheinlich. Ob aber die Labyrinthdarstellungen aus dem lateinischen Europa zu den finnischen und russischen Völkern gewandert sind, oder durch die byzantinisch-griechische Miniaturmalerei vermittelt wurden, das bleibt noch zu entscheiden. Denn ich bin überzeugt, dass bei einiger Aufmerksamkeit sowohl in lateinischen wie in griechischen Handschriften des Mittelalters noch viele Labyrinthdarstellungen werden aufgefunden werden, deren übereinstimmende oder verschiedene Einzelheiten uns die Wanderung dieser Darstellungen klar legen werden, wie solche Aehnlichkeiten oder Verschiedenheiten in Nebenzügen uns ja auch die Wanderung mancher asiatisch-europäischen Sage klar legen. Nicht minder aber verdienen die einheimischen Darstellungen der Art die aufmerksame Prüfung der nordischen Alterthumsforscher, damit ausgeschieden werde, was einheimische Erfindung oder, wenn man will, praehistorische Denkmäler sind, und was Weiterbildungen jener sinnreichen Figur, die etwa um 400 vor Christus in Knossos ersonnen wurde.

Die Labyrinthe der Renaissance.

Während die Bewohner des rauhen Nordens Labyrinthe bauten, indem sie statt der Layrinthwände Reihen von Steinblöcken oder höchstens von Rasenstücken legten, erfreuten sich die Bewohner des mittleren Europas ihres glücklicheren Klimas. Soll ja ein englischer König ein Labyrinth angelegt haben, um darin seine Geliebte von der übrigen Welt für sich abzuschliessen. Und Ringhieri schildert in seinen Spielen, welche im 16. und 17. Jahrhundert gewiss vielen feinen Gesellschaften Unterhaltung und manchem Künstler und Dichter Motive geboten haben, auch ein Labyrinthspiel, bei welchem die Gänge von Buschwerk oder

von der Dienerschaft des Hauses gebildet werden und Amor
mit seinem Hofe die Stelle des Minotaurus einnimmt; zum
Schlusse gibt er noch eine Anzahl Allegorien, welche im
geistreichen Gespräche weiter ausgeführt werden konnten.

Die erste Nachricht von einem Labyrinth als Garten-
anlage finde ich in der oben erwähnten Notiz von 1513
im Tagebuche der Louise de Savoye 'En mon parc et près du
Dedalus'. Wir müssen aber hier den Begriff des Wortes
Labyrinth näher ins Auge fassen. Alle bisher betrachteten
Constructionen bilden regelmässige Figuren, deren Inneres
in verschiedene Gänge getheilt ist. In diesen kann man
gar nicht irre gehen: man durchwandert sämmtliche Gänge
und kommt endlich in den stärksten Windungen, aber
sicher in das Innere und ebenso aus dem Innern wieder
zum Ausgang, ohne dass ein Ariadnefaden nöthig oder auch
nur nützlich wäre. Dass die Alten diese Figuren Labyrinthe nannten, ist durch die knossischen Münzen, die
pompejanische Wandinschrift und die Theseusdarstellungen
sicher gestellt; wir könnten sie etwa *Wundergang* nennen.
Mit dem Worte Labyrinth, *Irrgang* oder *Irrgarten* verbinden
wir und verbanden gewiss auch die Alten eigentlich den Begriff einer Anlage, in welcher man sich sehr leicht verirren
kann. Derartige Anlagen sind seit dem Beginn der Renaissance bis zum Ende des vorigen Jahrhunderts viele
gemacht worden. Dieselben bilden entweder regelmässige
Figuren, wie deren Massmann Taf. I, O. P. Q und Boeckler,
Architectura curiosa Bd. IV, Bl. 17, 18. 19. 29 abgebildet
haben, — dann sind so viele Sackgassen oder Kreuzwege
angebracht, dass der Wanderer der Gefahr ausgesetzt ist,
oft an denselben Ort zurück und nie in das Innere oder
zum Ausgang zu kommen —, oder sie sind ganz unregelmässig, wie z. B. das Labyrinth von Versailles, — dann
ist es unmöglich den richtigen Weg zu finden, wenn nicht
bestimmte Merkmale ihn kennzeichnen. Zu Ornamenten

und Zeichnungen passen nur die Wundergänge; derartige
Bauanlagen aber wären langweilig; desshalb sind diese
wahre Irrgänge nach willkürlichen Plänen.

Die Labyrinthe der Turnschulen (Wunderkreise).[1]
In Deutschland scheinen die alten Labyrinthdarstellungen nur in den Wunderkreisen der Turnschulen fortzu-
zuleben.[2] Das ging so zu. Schon an dem Labyrinth von
Toussaints (S. 279, Figur 6) sehen wir den leeren Raum
im Innern sehr verengt und aus dem Centrum der
Figur gegen den Eingang zu gerückt, so dass die inneren
Zungen keine Kreisbögen mehr bilden. Der nächste Schritt
geschah, indem die Spitze der breiteren äusseren Maeander-
windung von der Spitze der breiteren inneren Maeander-
windung getrennt wurde, so dass die Figur zwei offene Eingänge erhielt.

Bei welchem der einachsigen Labyrinthe wir auch diese
Veränderung vornehmen, dass wir an Stelle der Achse von
aussen einen Zugang in das Ende des letzten Ganges öffnen,
stets erhalten wir eine Figur mit 2 Oeffnungen, welche in
der linken Oeffnung betreten, dann in allen ihren Gängen
durchlaufen und durch die rechte Oeffnung verlassen wird,
oder umgekehrt. Vorbereitet ist diese 2. Oeffnung schon in
der Figur der Stadt Jericho (S. 277, Figur 4), wo es nahe
lag, die breite Hilfslinie wegzulassen. Der Mittelpunkt der
Figur ist aber dann nicht mehr der verborgenste, sondern
durch die zweite Oeffnung der am leichtesten zu erreichende
Ort des Labyrinthes, und es lag nahe, ihn zu vergessen und

---

1) Vgl. hierüber besonders Massmanns Schriftchen.
2) Labyrinthförmige Anlagen werden auch zum Fischfange benützt;
vgl. die Abbildungen im Bericht der Berliner Fischereiausstellung II,
S. 241. 37. 236. III, 64, und die sinnreiche Vorrichtung zum Otterfang,
welche Wilh. Bischoff, Anleitung zur Angelfischerei 1860 S. 99 beschreibt.

die 2 innern Zungen, welche für den durchlaufenden jetzt
die Hälfte des Weges und den verborgensten Ort der Anlage bezeichnen zum Mittelpunkt zu machen. Die Figur 11
ist eine so hergestellte Umänderung des Labyrinthes von
Toussaints. Bei z ist ein Zugang in das Ende des früher
letzten Ganges geöffnet und der frühere Mittelpunkt ist
nach 0 gerückt, während x der Mittelpunkt der neuen Figur
geworden ist. Verfolgt man aber von dem alten Eingange a
aus die Gänge, so sind es genau dieselben wie in Figur 6.

Betrachten wir nun den Ursprung der Labyrinthe in
den Turnschulen. Fr L. J. Fischbach sagt im 1. Theil seiner
statist. topogr. Städte-Beschreibungen der Mark Branden-
burg (Berlin 1786) S. 13, zu Neustadt-Eberswalde
liege dicht am Oberthor der Hausberg. Derselbe heisse auch
Wunderberg 'wegen des auf dem Gipfel des Berges aus
vielen Linien in der Erde ausgestochenen und einem Labyrinthe ähnlichen Kreises; welchen sogenannten Wunderkreis der ehemalige Rector der Stadtschule Christoph
Wachtmann um das Jahr 1609 zum Vergnügen angelegt.
Er wurde sonst jährlich Montags vor Himmelfahrt von den
Schulknaben erneuert. Die jungen Leute pflegten sich auf
demselben in der Art ein Vergnügen zu machen, dass ihrer
zwei zugleich, der eine rechts, der andere links, zu laufen
anfingen und eine Wette anstellten, welcher von beiden
zuerst seinen Gang endigen würde. Der Berg ist übrigens
beinahe schon halb abgetragen'. Diese Anlage sah Fr. L.
Jahn und ahmte sie 1816 bei seinem Turnplatz auf der
Hasenhaide in einem Labyrinthe nach, das Massmann Taf. I, C
abbildet. Diese Anlage ist nichts als eine Erweiterung unserer
Figur 11, indem um die vier Zungen so viel Gänge mehr gelegt sind, dass wir von 0 nach r gerechnet $9 + 1 + 9 = 19$
Gänge erhalten. Natürlich sind, wie es das Laufen erfor-
dert, alle Ecken gerundet und die ganze Figur ist oval geworden; doch sind die Linien zwischen x und o noch nach

x eingebogen und nicht nach o, dem alten Mittelpunkt der
Figur, um den sie ursprünglich Kreise bildeten. Diese
Erinnerung hat Eiselen völlig verwischt. Denn da beim
Laufen alle scharfen Biegungen schwierig sind, so hat
Eiselen die ovale Form der Figur in eine kreisrunde ver-
wandelt[1]) und auch die zwischen x und o liegenden Linien
gegen o so ausgebogen, dass sie Kreise mit dem Mittel-
punkte in x wurden, also gerade die umgekehrte Richtung
erhielten, als sie im Ursprunge hatten. Zugleich legte er
um die äussern Zungen noch einen Gang mehr, so dass
diese Wunderkreise von o nach r gemessen $10 + 1 + 10$
Gänge zählen (Massmann Tafel I, B). Nach dieser Construction, an der Linden nur die Drehung um die beiden
inneren Zungen des leichteren Laufens halber rundlicher
gebildet hat (Massmann Tafel I, A), sind die Wunderkreise fast aller deutschen und ausländischen Turnplätze ge-
baut und diese beiden Constructionen werden gewöhnlich
in den Handbüchern des Turnwesens abgebildet. Dass von
den oben (S. 277) erwähnten möglichen Erweiterungen des
einfachen ursprünglichen Labyrinthes zu 7 Gängen gerade
diese Form (S. 279 no. III) für die Laufbahnen der Jugend
sich eingebürgert hat, ist natürlich. Denn beim Laufen
sind, wie erwähnt, alle kurzen Biegungen schwierig und
verursachen baldige Zerstörung der naheliegenden Rasen-
stücke. Solche kurzen Biegungen finden aber nur an den
Zungen statt; also sind für solche Anlagen die Formen die
geeignetsten, welche die wenigsten Zungen haben. Das ist
von den oben erwähnten eben die geschilderte. Nur eine
Figur gibt es, welche nur 2 Zungen (im Innern) hat, nem-
lich die doppelte Spirale, welche desshalb auch Linden
(Massmann Tafel II, b) für Turnläufe entworfen hat. Allein

---

1) Eiselens Schriftchen 'Der Wunderkreis', neu entworfen, Berlin
1829, war mir leider nicht zugänglich.

sie scheint nirgends Anklang zu finden und das mit Recht;
denn sie zu durchlaufen ist langweilig.

Jetzt wissen wenige, dass die Wunderkreise der Turnschulen eine Abart der einst wohl bekannten Labyrinthdarstellungen sind. Auch sonst scheinen diese Figuren fast
vergessen zu sein, wenigstens in Deutschland. Denn in den
Spiellexika trifft man höchstens unter Jerusalemsweg eine
aus Mothes' oder Otte's Handbüchern stammende Abbildung
des Mosaiks von St. Quentin mit der ebendaher bezogenen
schiefen Erklärung als Bittweg.

Die Labyrinthdarstellungen verdienten aber in Wahrheit
auch jetzt noch mehr Beachtung; sie könnten sowohl zum
Spiele als zu Ornamenten bei Stickmustern und Mosaikein-
lagen verschiedener Art verwendet werden. Es eigneten sich
hiefür von den beiden oben (S. 273) besprochenen Klassen
natürlich nur die regelmässigen, deren Geschichte darzulegen
Aufgabe dieser Untersuchung gewesen ist. Von diesen regelmässigen Labyrinthen oder Wundergängen könnten die verschiedenen Arten der einachsigen Gattung besonders zur
Unterhaltung und Belehrung der Jugend verwendet werden,
indem zuerst ihre Entstehung aus den Maeanderwindungen,
ihre Erweiterung von 7 zu 11 oder mehr Gängen und durch
ein- oder zweimalige Brechung der Viertelbogen ihre Ver-
wandlung aus Kreisen in Vier- oder Achtecke begreiflich
gemacht würde. Für Ornamente wäre die Gattung der vierachsigen Labyrinthe mit den vielen verschiedenen Arten besonders geeignet. Denn diese Figuren sind ebenso schön
wie viele der gebräuchlichen linearen Ornamente, übertreffen
aber alle dadurch, dass sie zugleich sinnreich und desshalb
für viele Menschen ergötzlicher sind.

Herr Hofmann trug vor:

  1) „Ueber den Ursprung der Bienen im französi-
     schen Kaiserwappen."

  2) „Zur Textkritik des Floovant."